FORSCHUNGSBERICHTE DES LANDES NORDRHEIN-WESTFALEN

Nr. 2190

Herausgegeben im Auftrage des Ministerpräsidenten Heinz Kühn
und des Ministers für Wissenschaft und Forschung Johannes Rau
von Leo Brandt

Dr.-Ing. Carl-Otto Pels Leusden

Keram.-Ing. (grad.) Hans-Bernd Weber

Institut für Ziegelforschung Essen e. V.

Über die Ermittlung der optimalen Trocknungsbedingungen für Ziegeleierzeugnisse

Springer Fachmedien Wiesbaden GmbH

ISBN 978-3-663-06433-6 ISBN 978-3-663-07346-8 (eBook)
DOI 10.1007/978-3-663-07346-8
Verlags-Nr. 012190

Ursprünglich erschienen bei Westdeutscher Verlag, Köln und Opladen 1971.

Inhalt

Formelverzeichnis 4

1. Zielsetzung und Problemstellung 7

2. Beschreibung der Versuchsapparatur 8

3. Durchgeführte Arbeiten 9

   3.1 Trockenversuche nach der 3-Stufen-Trocknung und erste Ergebnisse 9

   3.2 Theoretische Arbeiten 10

   3.2.1 Ermittlung der Einflußgrößen 10

   3.2.2 Betrachtung der beschleunigten Trocknung 12

   3.3 Empirische Ermittlung der optimalen Trockenkurve 13

   3.4 Vergleich der theoretisch berechneten und empirisch ermittelten zulässigen zeitlichen Wassergehaltsänderung $\dot{X}_{zul}$ 13

4. Zur Übertragung der »optimalen Trockenkurve« in die Praxis 14

   4.1 Allgemeine Problematik bei der Übertragung 14

   4.2 Beispiel einer »optimalen Trockenkurve« und Abschätzung einer anzustrebenden Betriebstrockenkurve 15

5. Praktische Bedeutung der Untersuchungsergebnisse 16

6. Zusammenfassung 16

7. Literaturverzeichnis 17

Anhang 19

a) Abbildungen 19

b) Tabelle 27

Formelverzeichnis

Formelzeichen	Bedeutung	Einheit
A	Fläche, Oberfläche	m^2
c	örtliche Luftgeschwindigkeit	m/s
D	Diffusionskoeffizient	m^2/h
d	bezogene Dicke ($d = V/A$)	m
G	Gestaltsfaktor	1
g	Trockengeschwindigkeit ($g = \dot{m}/A$)	$kg\ m^{-2} h^{-1}$
k	Konstante	
l	Länge	m
l_0	Anfangslänge	m
m	Masse	kg
$\dot{m}$	Massenstrom	kg/h
t	Zeit	h, s
V	Volumen	m^3
X	Wassergehalt des Trockengutes ($X = m_W/m_{tr}$)	1
$\bar{X}$	mittlerer Wassergehalt	1
$\dot{X}$	zeitliche Wassergehaltsänderung ($\dot{X} = dX/dt$) (Wassergehaltsänderungsgeschwindigkeit)	h^{-1}
$\ddot{X}$	Wassergehaltsänderungsbeschleunigung	h^{-2}
α_l	Schwindungskoeffizient	1
β	Stoffübergangskoeffizient	m/s
ε	elastische Dehnung	1
ε_{zul}	zulässige elastische Dehnung	1
η	dynamische Viskosität	$kg\ m^{-1} s^{-1}$
ν	kinematische Viskosität	m^2/s
ϑ	Celsius-Temperatur	°C
$\varkappa$	Wasserleitfähigkeit	m^2/h
$\dot{\varkappa}$	zeitliche Änderung der Wasserleitfähigkeit	m^2/h^2
Λ	Schwinden (rel. Längeänderung)	1
ϱ	Dichte	kg/m^3
ϱ_{tr}	Dichte der Trockensubstanz	kg/m^3
ϱ_W	Partialdichte (Konzentration) des Wassers	kg/m^3
σ	Oberflächenspannung	kg/s^2

Indices:

o	Anfangswert
a	außen
E	Endwert
i	innen
L	Luft
tr	trocken
W	Wasser
w	Wand (Oberfläche)
F	zu trocknender Formling

1. Zielsetzung und Problemstellung

Die vorliegende Forschungsarbeit ist Bestandteil eines größeren Forschungsprogrammes zur Erstellung von Bemessungsunterlagen für Trockner der Ziegelindustrie. Die Aufgabe dieser Arbeit war die Schaffung von Methoden zur Ermittlung der optimalen Trocknungskurve, d. h., des Verlaufes der im Hinblick auf eine einwandfreie Qualität des Trockengutes max. zulässigen Wasserentzugsgeschwindigkeit. Parallel hierzu laufen Arbeiten zur Untersuchung der Stoff- und Wärmeübertragung und des Trocknungsverhaltens bei der Konvektionstrocknung von Ziegeleierzeugnissen. Den Abschluß des Programms bildet die Anwendung der optimalen Trockenkurve und der Stoff- und Wärmeübertragungsgesetze auf die Auslegung von Betriebstrocknern. Dazu sollen industrielle Trockner ausführlich vermessen werden und auf dieser Basis ein Berechnungsverfahren aufgestellt werden.

Schon vor Jahren wurde im Institut für Ziegelforschung eine »Optimale Brennkurve« für keramische Formlinge entwickelt. Sie stellt den kürzesten Brennkurvenverlauf dar, mit dem dieses Produkt (unabhängig vom angewandten Ofensystem) gebrannt werden kann, ohne daß qualitative Mängel infolge und während des Brandes entstehen [1].

In Analogie zur optimalen Brennkurve sollte hier der zeitliche Verlauf der Wasserentzugsgeschwindigkeit in den einzelnen Trockenabschnitten ermittelt werden, mit dem Ziel, fehlerfreie Formlinge (riß- und verzugsfrei) in der kürzest möglichen Zeit herzustellen. Dabei wurden also ausschließlich die Vorgänge innerhalb des Formlings während der Trocknung untersucht. Die max. zulässige Wasserentzugsgeschwindigkeit als Funktion der Zeit wird als »Optimale Trockenkurve« bezeichnet. Diese Funktion wurde an Originalformlingen, die den betrieblichen Aufbereitungs- und Formgebungsvorgang durchlaufen hatten, unter den in den industriellen Trockenanlagen vorliegenden Strömungsbedingungen aufgestellt.

Die Untersuchungen begannen entsprechend dem Stand der Technik mit der 3-Stufen-Trocknung u. a. nach Salmang [2] mit folgender Einteilung:

1. Anwärmung des Trockengutes bei hoher relativer Luftfeuchte (ohne Schwindung);
2. Haupttrocknung bei konstanten äußeren Luftbedingungen bis zum Ende des Schwindungsvorganges;
3. Endtrocknung bei erhöhter Lufttemperatur und verringerter relativer Luftfeuchte.

Diese auch in anderen Industriezweigen übliche Einteilung beruht auf der Erfahrung, daß bei höheren Temperaturen schneller schadensfrei getrocknet werden kann. In der Darstellung der Trockengeschwindigkeit g als Funktion des mittleren Wassergehaltes $\bar{X}$ (Abb. 1) dient der Anwärmbereich (A, B) dazu, möglichst schnell höhere Temperaturen und damit den Bereich der höheren zulässigen Trocknungsgeschwindigkeit g_{zul} zu erreichen. Der Bereich (B, C, D) entspricht den Trocknungsabschnitten I und II a, in denen das Wasser aus dem Inneren des Formlings ausschließlich durch Kapillarwirkung an die Oberfläche gefördert wird. Im Anlaufbereich und im Trockenabschnitt I ist die gesamte Oberfläche von einem dünnen Wasserfilm überzogen, der zu Beginn des Trockenabschnittes II a (bei Punkt C) aufzureißen beginnt. Unter Einhaltung konstanter Luftzustände und Luftgeschwindigkeiten fällt die Trocknungsgeschwindigkeit g leicht ab. Am Ende des Trockenabschnittes II a (bei Punkt D) ist die gesamte Formlingsoberfläche abgetrocknet, und die Schwindung hat ihren Endwert erreicht. Jetzt liegt keine Notwendigkeit mehr vor, die äußeren Bedingungen konstant zu halten. Da keine Verformungen mehr durch Schwindung auftreten können und sich außerdem das Trocken-

gut verfestigt hat, kann man die Lufttemperatur erhöhen und gleichzeitig die relative Luftfeuchte senken, um den Vorgang der Endtrocknung zu verkürzen.
Die optimale Trockenkurve im ursprünglichen Sinn beschränkt sich also nur auf den Anlaufvorgang (A, B) und die Trockenabschnitte I und IIa. Die Trocknungsführung in den Abschnitten IIb und IIc richtet sich ausschließlich nach wärmewirtschaftlichen Gesichtspunkten (zur Einteilung der Trockenabschnitte vergleiche [3]).
Um den Versuchsaufwand für die rein »empirische Ermittlung« der optimalen Trockenkurve für jedes Erzeugnis zu verringern, waren auf der Basis der bis dahin bekannten theoretischen Ansätze von Lykow [4], Naumow [5] und Falke [6] die Zusammenhänge zwischen den physikalischen Einflußgrößen (Schwindung, zulässige elastische Dehnung und Feuchteleitzahl) und der Trockengeschwindigkeit des zu trocknenden Gutes zu ermitteln. Dabei bedeutet der Begriff »empirische Ermittlung« stetige Wiederholung und Einkreisung des noch unbekannten Trocknungsverlaufes jeweils getrennt in den 3 Abschnitten: Anlaufvorgang A B, Trockenabschnitt I und Trockenabschnitt IIa.

2. Beschreibung der Versuchsapparatur

Zur Durchführung der Versuche war eine Apparatur entwickelt und gebaut worden. Die Abb. 2 zeigt eine Querschnittsskizze dieses Versuchstrockners.
Die Trocknungsluft, welche die Trockenkammer 1 durchströmt, wird durch den Ventilator 2 gefördert und im Lufterhitzer 5 aufgeheizt. Durch die Meßstrecke mit Venturirohr 6 tritt sie, geführt durch die Leitbleche 7, über einen Diffusor durch den Strömungsgleichrichter 8 wieder in die Trockenkammer ein.
Die Trockenkammer ist in dieser Abbildung mit 1½ NF-Ziegeln besetzt. Ihre Länge beträgt 1240, die Höhe 700, die Breite 600 mm. Den Kammerquerschnitt zeigt die Skizze in der Abb. 2 unten links.
Durch Drehzahlumschaltung des Ventilatorantriebes 4 und Verstellung des Keilriementriebes 3 lassen sich die Luftgeschwindigkeiten zwischen 0,2 und 5 m/sec – bezogen auf den Querschnitt der leeren Kammer – variieren. Die genaue Bestimmung des Luftdurchsatzes und damit der Anströmungsgeschwindigkeit in der Kammer erfolgt mit Hilfe einer Differenzdruckmessung am Venturirohr 6. Durch das Heizregister 5 kann die Luft bis auf 150°C aufgeheizt werden. Die Einstellung der gewünschten relativen Feuchte der Trocknungsluft erfolgt durch Luftaustausch über Abluftklappe 10 und Zuluftklappe 9, die durch Stellantriebe betätigt werden, bzw. durch Dampfzufuhr über das Motorstellventil 13.
Abb. 3 zeigt eine Gesamtansicht des Trockners mit Regelschrank (rechts). Das in die Kammertür (Mitte der Abb.) eingebaute mehrschichtige Glasfenster gestattet die Beobachtung des Trockengutes. Der gewünschte Verlauf der Temperatur und der relativen Feuchte der Trocknungsluft wird auf die Kurvenscheiben des Zeitplangebers – im Regelschrank Mitte oben – übertragen. Nach Maßgabe der von diesem abgegebenen Sollwerte für die Temperatur verstellt ein elektronischer Regler den Stelltransformator (in der Abbildung links neben dem Regelschrank) zur Einstellung der Heizleistung. Ein zweiter unabhängiger Regler hält durch Einsprühen von Dampf aus dem Kleindampferzeuger (in der Abbildung unterhalb der Kammer) bzw. durch Betätigung der Abluft- und Zuluftklappen die von der Programmscheibe vorgegebenen Werte für die relative Luftfeuchte ein.

Die Temperaturmessungen werden mit Widerstandsthermometern durchgeführt, die relative Luftfeuchte wird psychometrisch bestimmt und die Materialschwindung wird mit induktiven Wegaufnehmern gemessen. Der Ziegel in der Mitte des Kammerbesatzes ist an einer oberhalb der Kammer stehenden Tauchspul-Kompensationswaage (Fabrikat Sartorius) aufgehängt. Die laufende Registrierung aller Meßwerte (ϑ_L, φ, ϑ_F, Λ, m_F) erfolgt mit Kompensationsschreibern.

3. Durchgeführte Arbeiten

Nach Fertigstellung und Inbetriebnahme des Versuchstrockners, der Regelanlage und der Registriereinrichtung wurden die Versuche auf der Basis der 3-Stufen-Trocknung aufgenommen.

3.1 Trockenversuche nach der 3-Stufen-Trocknung und erste Ergebnisse

Wie in den industriellen Trockenanlagen traten auch bei unserer relativ kleinen Versuchsanordnung die größten Schwierigkeiten (Kondensation und Rißbildung) im Bereich des Anwärmvorganges (A, B) auf, indem der Wassergehalt des Trockengutes konstant gehalten werden sollte. Nach Erfahrungsaustausch mit dem holländischen und dem jugoslawischen keramischen Forschungsinstitut führten wir einige Versuche bei konstanter Schwindung durch, d. h., die Wärmeausdehnung wurde durch das Schwinden infolge leichter Trocknung kompensiert. Um weitere Trockenzeit einzusparen, wurden zusätzliche Versuche angestellt, bei denen ein geringes Schwinden zugelassen wurde. Dabei zeigte sich, daß im Vergleich zur Aufwärmung bei konstantem Wassergehalt $\bar{X}$ eine größere Trockengeschwindigkeit im Bereich der Antrocknung möglich war.
Insgesamt zeichnete sich aus diesen Versuchen ab, daß durch eine weitere Aufteilung innerhalb der 3-Stufen-Trocknung und deren nähere Untersuchung eine Verringerung der Mindesttrockenzeit möglich war.
So konnte z. B. im Abschnitt der Haupttrocknung festgestellt werden, daß nach Ablauf von etwa 50% der Gesamtschwindung eine erhebliche Steigerung der Trockenbelastung zulässig ist. Eine Grenze ist hier gegeben durch das Auftreten von »Texturrissen«, das sind Risse an den Schnittflächen von Ziegelformlingen, die mit den Fließvorgängen bei der Formgebung in Zusammenhang stehen. Außerdem traten zum Teil auch »Lattenrisse« auf, das sind Risse, die an den Auflageflächen der Formlinge auf den Trockengutträgern entstehen.
Eine mögliche Erklärung für die Erhöhung der zulässigen Belastung findet sich bei Lykow [4], der einen mit fallendem Wassergehalt X_a an der Oberfläche steigenden zulässigen Wassergehaltsgradienten $(\partial X/\partial l)_a$ und damit eine steigende zulässige Trockengeschwindigkeit gefunden hat. Die dort angegebenen Meßwerte lassen sich in erster Näherung mit dem folgenden Funktionstyp beschreiben:

$$\left(\frac{\partial X}{\partial l}\right)_a = \frac{k_m}{X_a} - k_n$$

3.2 Theoretische Arbeiten

In Anlehnung an theoretische Arbeiten über Temperaturspannungen von Böswirth [7] wurde eine Hypothese für das Schwindungs-Dehnungs-Verhalten der keramischen Materialien aufgestellt, die darauf beruht, daß die unterbundene Schwindungsdeformation gleich der zulässigen Dehnungsdeformation gesetzt wird. Diese Hypothese wurde auf die Dimension einer Trockengeschwindigkeit gebracht:

$$g = f(\varkappa, \varepsilon_{zul}, \alpha_l, d)$$

Die so ermittelte »theoretische Trockengeschwindigkeit« stimmte gut mit der im Versuchstrockner im Bereich der Antrocknung ermittelten zulässigen Trocknungsgeschwindigkeiten überein.

Im weiteren Verlauf zeigte sich, daß die Trockengeschwindigkeit g (in der Einheit $kg \cdot m^{-2} \cdot h^{-1}$) zwar für die Betrachtung des Stoffüberganges richtig, aber für die Untersuchung der instationären Vorgänge des Trocknungsverlaufes weniger vorteilhaft war. Die physikalische Ähnlichkeit zwischen Wassergehaltsfeld und Temperaturfeld legte es nahe, die 2. Ficksche Diffusionsgleichung

$$\frac{\partial^2 X}{\partial l^2} = -\frac{1}{\varkappa} \cdot \frac{\partial X}{\partial t} \quad \text{bzw.} \quad \frac{d^2 X}{d l^2} = -\frac{\dot{X}}{\varkappa} \tag{1}$$

(analog zur Fourierschen Differenzialgleichung des Temperaturfeldes) als Grundlage der weiteren Betrachtungen zu benutzen. Dadurch war es erforderlich, von der bisher üblichen Trocknungsgeschwindigkeit g überzugehen auf die zeitliche Änderung des mittleren Wassergehaltes $\dot{X}$ (z. B. in der Einheit h^{-1}, vergleiche [8]). Für diese Größe $\dot{X}_{zul}$ ergibt sich dann im Falle der unendlich ausgedehnten ebenen Platte folgende Gleichung:

$$\dot{X}_{zul} = \frac{\varkappa \cdot \varepsilon_{zul}}{d^2 \cdot \alpha_l} \tag{2}$$

Die mittlere zeitliche Wassergehaltsänderung $\dot{X}$ ist demnach proportional der Wasserleitzahl $\varkappa$, der zulässigen elastischen Dehnung ε_{zul} und umgekehrt proportional dem Quadrat der relativen Dicke d (d = Volumen/Oberfläche) und dem Schwindungskoeffizienten α_l

$$\alpha_l = \frac{l}{l_0} \cdot \frac{dl}{dX} \tag{3}$$

(von Kneule [3] als »Schwindungszahl« bezeichnet).

3.2.1 Ermittlung der Einflußgrößen

ε_{zul}: Die plastische Dehnung kann bei diesem Problem keine Einflußgröße darstellen. Würden zu Anfang der Trocknung plastische Deformationen auftreten, so müßten diese am Ende der Trocknung wieder rückgängig gemacht werden. Da das Material sich aber in der Zwischenzeit verfestigt hat, wäre dieser Dehnungsausgleich unmöglich und Spannungen würden im Material verbleiben. Diese plastische Dehnung wäre mit einem Platzwechsel der Moleküle verbunden. Die elastische Dehnung hingegen ist dadurch gekennzeichnet, daß kein Platzwechsel, sondern nur eine Abstandsänderung der Moleküle auftritt. Diese Abstandsänderung dürfte weitgehend temperaturunabhängig sein. Lykow [4] gibt für Makkaroniteig stei-

gende elastische Dehnung mit fallendem Wassergehalt an. Inwieweit dieses Ergebnis auf plastische Stoffe aus anorganischen Substanzen und speziell auf Ton übertragbar ist, konnte noch nicht geklärt werden.
Die zulässige elastische Dehnung ε_{zul} wurde an zylindrischen Proben von 20 mm Länge und 32 mm ⌀ mit Hilfe des Parallelplattenplastometers (nach [9]) ermittelt. Die Messung ging so vor sich, daß dem Probekörper durch Belastung eine geringfügige Verformung aufgezwungen wurde. Die auf die Ausgangslänge bezogene elastische Rückfederungslänge des Materials wurde als zulässige elastische Dehnung betrachtet (s. Tabelle S. 27).

α_l: Der Schwindungsfaktor α_l ist gleich der relativen Längenänderung $(l - l_0)/l_0$ bezogen auf die Wassergehaltsänderung ΔX.
Er ist eine materialspezifische Größe, die zweckmäßigerweise an langgestreckten Zylindern gemessen wird, wobei die zeitliche Wassergehaltsänderung $\dot{X}$ sehr klein gehalten wird, um die Wassergehaltsunterschiede $X_{i,a}$ von innen nach außen so klein wie möglich zu halten.
Der Zweck ist die Erreichung eines quasistationären Zustandes in diesem Zylinder, so daß man den unter diesen Voraussetzungen ermittelten Wert α_l (s. Tab. 1) ohne weiteres als materialspezifisch ansehen kann. Eine Abhängigkeit von der Temperatur ist nicht zu erwarten.
(Die oben beschriebene Funktion $(l - l_0)/l_0 = f(X)$ wird auch als Bigot-Kurve bezeichnet).

$\varkappa$: Die Feuchteleitzahl $\varkappa$ ist temperaturabhängig. Für die in unserem Fall gegebenen Steighöhen in den Kapillaren ist sie nach Krischer [10] proportional der Oberflächenspannung σ und umgekehrt proportional der dynamischen Zähigkeit η. Dieses Verhältnis σ/η zeigt praktisch eine lineare Abhängigkeit von der Temperatur (s. Abb. 4). Zur Ermittlung der Feuchteleitzahl $\varkappa$ wurden aus dem jeweils zu untersuchenden Material zylindrische Körper hergestellt, deren Mantelflächen mit einem auf feuchtem Untergrund haftenden Kunststoff bestrichen und zusätzlich mit einer Plastikfolie umwickelt wurden. Mehrere Probekörper wurden im Versuchstrockner so an die registrierende Waage gehängt, daß sie von Luft gleicher Zustandsgrößen mit konstanter Geschwindigkeit senkrecht zur Zylinderachse angeströmt wurden. Zu verschiedenen Zeiten wurde dann jeweils ein solcher Probekörper aus dem Trockner entnommen und in runde Scheiben zerschnitten. Durch Wägung wurde dann die Wassergehaltsverteilung und daraus die Feuchteleitzahl $\varkappa$ nach der Definitionsgleichung (s. Krischer [10])

$$\varkappa = \frac{\dot{m}}{\varrho_{tr} \cdot A \cdot dX/dl} \tag{4}$$

ermittelt.
Im Trockenabschnitt I, der durch die geschlossene Wasseroberfläche des Trockengutes gekennzeichnet ist, bildet sich nach dem Anlaufvorgang bei konstanten äußeren Bedingungen ein parabolisches Wassergehaltsprofil aus. Dieses kann mit der Gleichung:

$$X = k \cdot l^2 \tag{5}$$

beschrieben werden. Daraus ergibt sich durch Differentiation:

$$dX/dl = 2\,k \cdot l \tag{6}$$

Setzt man Gl. (6) in Gl. (4) ein, so ergibt sich:

$$\varkappa = \frac{\dot{m}}{A \cdot \varrho_{tr} \cdot 2\,k \cdot l} \tag{7}$$

Die Darstellung des Wassergehaltes X im Gut über dem Quadrat der Strömungslänge l müßte, wenn Gl. (5) zutrifft, eine Gerade mit der Steigung k ergeben. Die Meßwerte lassen sich jedoch nicht durch eine, sondern nur durch zwei Geraden verbinden, die sich fast alle bei $l = \Delta l_{i,a}/3$ schneiden. Das Verhältnis der inneren Steigung k_i zur äußeren Steigung k_a ist als Funktion der Feuchteleitzahl $\varkappa_a$ der äußeren Scheibe des Prüfkörpers in Abb. 5 aufgetragen. Daraus ist ersichtlich, daß das Verhältnis k_i/k_a proportional der Feuchteleitzahl $\varkappa_a$ ist. Die auf diese Art ermittelte Feuchteleitzahl $\varkappa_a$ ist in Abb. 6 für verschiedene Materialien als Funktion der Temperatur dargestellt.

3.2.2 Betrachtung der beschleunigten Trocknung

Für jedes Produkt gibt es eine bestimmte Wassergehaltsdifferenz $\Delta X_{i,a}$ zwischen innen und außen, die nicht überschritten werden darf, wenn keine Schäden (Risse oder irreversible Verformungen) auftreten sollen.
Eine Möglichkeit, diese zulässige Wassergehaltsdifferenz $\Delta X_{i,a}$ konstant zu halten, besteht darin, daß die äußeren Trocknungsbedingungen (Temperatur, relative Feuchte und Luftgeschwindigkeit) konstant gehalten werden. Das entsprach dem bisherigen Stand der Technik.
Aus dem 2. Fickschen Diffusionsgesetz (Gl. (1)) geht jedoch hervor, daß das Wassergehaltsprofil (ausgedrückt durch die linke Seite der Gleichung) auch dann konstant bleibt, wenn bei Temperaturerhöhung und damit verbundener Erhöhung der Feuchteleitzahl $\varkappa$ gleichzeitig die zeitliche Wassergehaltsänderung $\dot{X}$ soweit erhöht wird, daß der Ausdruck auf der rechten Seite der Gleichung konstant bleibt. Bei den üblichen Aufheizungsgeschwindigkeiten $\dot{\vartheta}$ des Trockengutes in Trockenprozessen der keramischen Industrie sind die Temperaturdifferenzen im Körper zwischen innen und außen vernachlässigbar klein. Die Temperaturabhängigkeit der Feuchteleitfähigkeit $\varkappa$ ist nach Krischer [10] im wesentlichen durch die Stoffwertkombination σ/η bestimmt (vgl. Abb. 4). Man kann schreiben:

$$\sigma/\eta = k_1 \cdot \vartheta + k_2$$

Für die Feuchteleitfähigkeit $\varkappa$ kann daher ebenfalls gesetzt werden:

$$\varkappa = k_3 \cdot \vartheta + k_4$$

(vgl. Abb. 6 und Tab. 1)

Differenziert man diese Gleichung nach der Zeit, so folgt daraus:

$$\dot{\varkappa} = k_3 \cdot \dot{\vartheta}$$

Aus Gl. (2) folgt mit ε_{zul} = konstant;
d = konstant und α_1 = konstant:

$$\dot{X}_{zul} = k_5 \cdot \varkappa$$

Differenziert man diese Gleichung nach der Zeit, so folgt daraus:

$$\ddot{X}_{zul} = k_5 \cdot \dot{\varkappa} \quad \text{mit} \quad k_5 \cdot k_3 = k$$

ergibt sich daraus:

$$\ddot{X}_{zul} = k \cdot \dot{\vartheta} \qquad (8)$$

Die zulässige Aufheizgeschwindigkeit $\dot{\vartheta}$ und die Konstante k müssen im Versuch ermittelt werden. Darin sind summarisch alle Einflußgrößen auf die Trocknung und die mögliche Erhöhung der Wassergehaltsänderungsgeschwindigkeit – auch die von LYKOW [4] veröffentlichten Effekte – enthalten.

3.3 Empirische Ermittlung der optimalen Trockenkurve

Nach diesem Verfahren wurde dann neben den ersten Untersuchungen nach der 3-Stufen-Trocknung für eine Reihe von weiteren Rohstoffen mit zunächst ähnlichem Format die optimale Trockenkurve ermittelt.
Es handelte sich dabei um gelochte und ungelochte Vormauersteine mit einer Länge von 24 cm, einer Breite von 11,5 cm und unterschiedlichen Schnittlängen von 7,1, 6,5 und 5,2 cm. Die Lochanteile betrugen jeweils 0%, ca. 10% und ca. 20%.

Um eine konstante Aufheizgeschwindigkeit $\dot{\vartheta}$ zu erhalten, wurde die Naßthermometer-Temperatur des Psychrometers (sie ist in den Trockenabschnitten I und IIa praktisch gleich der Temperatur des Trockengutes) durch Programmregelung mit der Zeit linear erhöht. Gleichzeitig wurde die Änderung der Lufttemperatur (Trockentemperatur des Psychrometers) und damit die relative Feuchte in Abhängigkeit von der Zeit so verändert, daß eine der konstanten Aufheizgeschwindigkeit $\dot{\vartheta}$ entsprechende konstante Wassergehaltsänderungsbeschleunigung $\ddot{X}$ erreicht wurde.
Für ein Produkt wurde die optimale Trockenkurve einmal nach der 3-Stufen-Methode ermittelt und zum zweiten nach dem Verfahren mit konstanter Änderungsbeschleunigung des Wassergehaltes $\ddot{X}$. Dabei zeigte sich, daß durch die 2. Methode eine Halbierung der Trockenzeit möglich war (s. Abb. 7). Der erste Trockenabschnitt ist zu der Zeit beendet, bei der der Verlauf der zeitlichen Wassergehaltsänderung $\dot{X}$ bei konstanter Luftgeschwindigkeit und konstantem Luftzustand von der Geraden abweicht. Dieser Punkt ist gleich den Endpunkten der »Geraden« in Abb. 8. Hier ist der Verlauf der zulässigen zeitlichen Wassergehaltsänderung $\dot{X}_{zul}$ im Trockenabschnitt I für fünf verschiedene Materialien dargestellt. Der Anlaufvorgang (A, B) fällt in dieser Darstellung fort, da mit der Aufheizung des Trockengutes bereits die Trocknung selbst beginnt. Es wird hier deutlich, daß die max. zulässige zeitliche Wassergehaltsänderung $\dot{X}_{zul}$ bei den verschiedenen Materialien recht unterschiedlich ist. Noch stärker unterscheiden sich die Materialien aber in der Steigung dieser Geraden, d. h. in der zulässigen Steigerung der Wassergehaltsänderung $\ddot{X}_{zul}$.

3.4 Vergleich der theoretisch berechneten und empirisch ermittelten zulässigen zeitlichen Wassergehaltsänderung $\dot{X}_{zul}$

Gl. (2) wurde aufgestellt für den idealisierten Fall der unendlich ausgedehnten Platte in Analogie zu den instationären Temperaturfeldern in abkühlenden Stahlblöcken (vgl. [7]). In Gl. (2) muß daher ein sogenannter Gestaltsfaktor G eingeführt werden. Er ergibt sich aus dem Verhältnis:

$$G = \frac{(\dot{X}_{zul})_{gemessen}}{(\dot{X}_{zul})_{gerechnet}} \qquad (9)$$

Für Vormauersteine, die als beidseitig getrocknete Platte betrachtet werden können, ergab sich der Wert $1/G = 3{,}3$. Für Dachziegel, die auf der Unterseite weitgehend durch Rähmchen abgedeckt sind, wurde der Wert $1/G = 5{,}0$ errechnet.

In Abb. 9 sind die Werte $G \cdot (\dot{X}_{zul})_{gerechnet}$ über $(\dot{X}_{zul})_{gemessen}$ aufgetragen. Mit Ausnahme zweier Punkte, die von Materialien mit groben Formgebungsfehlern stammen, liegen alle Meßwerte auf der Symmetriegeraden (45°C). Das bedeutet, daß die für keramische Formlinge maximal zulässige Änderungsgeschwindigkeit des mittleren Wassergehaltes mit der Gleichung

$$\dot{X}_{zul} = G \frac{\varkappa \cdot \varepsilon_{zul}}{d^2 \cdot \alpha_l} \tag{10}$$

ermittelt werden kann.

Es zeigte sich jedoch, daß die empirisch festgestellten zulässigen Änderungen des mittleren Wassergehaltes $\ddot{X}_{zul}$ bei den untersuchten Materialien recht unterschiedlich waren. Zwischen dieser Beschleunigung der Trocknung und den Stoffwerten konnte bisher noch kein theoretisch voll befriedigender Zusammenhang gefunden werden. Weitere Untersuchungen in dieser Richtung werden in Zukunft folgen müssen.

4. Zur Übertragung der optimalen Trockenkurve in die Praxis

Obwohl es nicht Aufgabe dieses Forschungsauftrages war, die Übertragung der optimalen Trockenkurve (ermittelt im Versuchstrockner) in die Praxis der Großtrockner zu bearbeiten, sollen hier doch einige grundsätzliche Bemerkungen zu diesem Problem gemacht werden.

4.1 Allgemeine Problematik bei der Übertragung

Die optimale Trockenkurve ist eine Guts-Funktion, d. h., sie wird vom Trockengut (Rohstoff und Format) bestimmt. Diese Funktion ist bei der Konvektionstrocknung nur über die Steuerung der Luftzustände realisierbar. In den bisher üblichen großvolumigen Industrietrocknern liegen örtlich sehr unterschiedliche Trocknungsgeschwindigkeiten vor. Eine der wichtigsten Einflußgrößen darauf ist die Durchzugslänge der Luft, denn es ist z. B. ein großer Unterschied, ob eine Trockenkammer waagerecht in Längsrichtung oder senkrecht durchströmt wird. Eine weitere, sehr wesentliche Einflußgröße ist die Strömungsverteilung über den Querschnitt (Randgängigkeit). Weitere Einflußgrößen sind die Setzweise der Formlinge in der Kammer (Format, Anströmrichtung, Setzdichte usw.). Insgesamt ist die Vielzahl der Einflußgrößen ausschließlich durch umfangreiche Messungen an Industrietrocknern zu ermitteln. Diese Fragenkomplexe sollen in dem eingangs erwähnten, gesonderten Forschungsvorhaben geklärt werden.

In den Anlagen ist der Trocknungsprozeß so zu führen, daß auf der einen Seite die »Rißgrenze« (zu große Trockengeschwindigkeit) und auf der anderen Seite die »Kondensationsgrenze« (keine Trocknung, sondern weitere Wasseraufnahme) von keinem Ziegel überschritten wird. Je größer der Ungleichmäßigkeitsfaktor (Streuung der örtlichen Trocknungsgeschwindigkeit um die mittlere Trocknungsgeschwindigkeit) ist, um so größer muß der Abstand zwischen der Trocknungsgeschwindigkeit des Einzelziegels

(aus der optimalen Trockenkurve) und der »anzustrebenden mittleren Trocknungsgeschwindigkeit« im Industrie-Trockner sein.
Dabei muß mit wirtschaftlich vertretbaren Mitteln versucht werden, die Ungleichmäßigkeit der Trocknungsgeschwindigkeit in der Trockenanlage möglichst klein zu halten, um somit dem Ideal der »optimalen Trockenkurve« im Betrieb möglichst nahe zu kommen. Die Frage, wie dieses Ziel erreicht wird, ist entscheidend für die Steuerung der Trockenlage. Hierbei handelt es sich um das Problem des Stoffüberganges, das mit der Gleichung:

$$\dot{m}_W = A \cdot \beta(\varrho_{Ww} - \varrho_{WL})$$

beschrieben wird.

ϱ_{Ww} = Partialdichte (Konzentration) des Wassers an der Wand (Oberfläche)
ϱ_{WL} = Partialdichte (Konzentration) des Wassers in der Luft

mit der »idealen Gasgleichung« und den beiden Beziehungen

$$d = \frac{V}{A} \quad \text{und} \quad \varrho_{tr} = \frac{m_{tr}}{V}$$

ergibt sich für die zeitliche Änderung des mittleren Wassergehaltes:

$$\dot{X} = \frac{\bar{\beta}}{\varrho_{tr} \cdot d \cdot R_W \cdot T} (p_{Ww} - p_{WL})$$

Die mittlere Stoffübergangszahl $\bar{\beta}$ ergibt sich wiederum aus einem »Nusseltgesetz« für die Stoffübertragung von der bekannten Form

$$\overline{\mathrm{Nu}} = \frac{\bar{\beta} \cdot l}{D} = k \cdot \mathrm{Re}^m \cdot \mathrm{Sc}^n \quad \text{mit } \mathrm{Re} = \frac{c \cdot l}{\nu}$$

$$\text{und } \mathrm{Sc} = \frac{\nu}{D}$$

Die mittlere Stoffübertragungszahl $\bar{\beta}$ hängt also ab von der Geometrie der Trockenkammer, von der Form und Anordnung der Rohlinge, von der Luftgeschwindigkeit und von den Stoffgrößen, die wiederum eine Funktion der Temperatur sind.

4.2 Beispiel einer »optimalen Trockenkurve« und Abschätzung einer anzustrebenden Betriebstrockenkurve

Als Beispiel soll die optimale Trockenkurve des Materials 4 dienen. Dabei ist in Abb. 10 der Verlauf der Veränderungen des Trockengutes (Wassergehalt X, »Trocknungsgeschwindigkeit« $\dot{X}$, Temperatur ϑ_F und Schwinden Λ) und die Veränderungen der Luftzustände (Temperatur ϑ_L und Feuchte φ) über der Trockenzeit aufgetragen. (Das Abknicken der »Trockengeschwindigkeit« nach Ablauf von 3 h ist darauf zurückzuführen, daß an den Ecken und Kanten des Formlings der Übergang in den Trockenabschnitt II schon weit früher erfolgt, als an den übrigen Trocknungsflächen. Von diesem Zeitpunkt an liegt ein Mischzustand aus I. und II. Trockenabschnitt vor, wobei der Anteil des II. Abschnitts immer größer wird.)
Abb. 11 zeigt die anzustrebende Betriebstrockenkurve. Die Gesamttrockenzeit ist von 16 Stunden (optimale Trockenkurve) auf 34 Stunden verlängert worden. Die Abschätzung der die Trockengeschwindigkeit verringernden Ungleichmäßigkeitsfaktoren

beruht dabei auf Erfahrungen mit industriellen Trocknern sowie punktuellen Messungen an solchen Anlagen. Die hier dargestellten Luftzustände orientieren sich ausschließlich am Trockengut und den Ungleichmäßigkeitsfaktoren. In den Betriebsanlagen müssen je nach Trocknertyp weitere Änderungen in Richtung einer Trockenzeitverlängerung in Kauf genommen werden.

5. Praktische Bedeutung der Untersuchungsergebnisse

Im folgenden soll kurz angedeutet werden, welche Bedeutung die Ergebnisse dieses Forschungsauftrages – vor allen Dingen die in Gl. (8) beschriebene Möglichkeit beschleunigten Trocknung – für neu zu erstellende und bereits vorhandene Trockenanlagen in der Praxis haben.

Da die bestehenden Trocknereien vielfach einen Engpaß für die gesamte Produktion darstellen, kann man durch Erhöhen der bisherigen Aufheizgeschwindigkeit bei Einhaltung der Randbedingungen die durch die optimale Trockenkurve gegeben sind, den Durchsatz beträchtlich vergrößern. Durch Änderung der Betriebsweise und geringe geometrische Veränderungen der Trockenkammer und des Besatzes kann somit die Leistung und damit die Wirtschaftlichkeit des gesamten Ziegelwerkes verbessert werden.

Bei der Ermittlung der optimalen Trockenkurve im Versuchstrockner wird die Luftgeschwindigkeit entsprechend den Verhältnissen in der Betriebstrockenanlage eingestellt.

Neben der zeitlichen Feuchteänderung des Trockengutes werden Temperatur und relative Feuchte der Luft registriert. Diese Größen können zwar aus den oben dargelegten Gründen nicht ohne weiteres auf den Betriebstrockner direkt übertragen werden, sie sind jedoch als Anhaltswerte für das Umstellen einer alten Trockenanlage sowie für das Einfahren eines neuen Trockners von großem Nutzen.

Die Anwendung der Erkenntnisse auf die Planung von neuen Trockenanlagen bedeutet bei gleicher Kapazität eine wesentliche Verringerung des baulichen Aufwandes im Vergleich zu Trocknereien, die nach den bisherigen Bemessungsunterlagen erstellt wurden. Dadurch werden die Investitionskosten beträchtlich verringert. Wenn zusätzlich Maßnahmen zur Vergleichmäßigung des Trockenvorganges innerhalb der Kammern getroffen werden, ergibt sich eine nochmalige Kostenverminderung.

6. Zusammenfassung

Um an Hand der Zustandsänderungen im Trockengut und der Änderung der die Trocknung bestimmenden Einflußgrößen Grundlagen für die Dimensionierung und Betriebsweise von Trockenanlagen für Ziegeleierzeugnisse zu schaffen, wurde in Analogie zur optimalen Brennkurve eine optimale Trockenkurve entwickelt. Sie stellt die zulässige max. Wasserentzugsgeschwindigkeit $\dot{X}_{zul}$ als Funktion der Zeit t dar. Sie wurde an Originalformlingen, die den betrieblichen Aufbereitungs- und Formgebungsgang durchlaufen hatten in einem Versuchstrockner ermittelt, der den Strömungsbedingungen angepaßt ist, die in industriellen Trockenanlagen anzutreffen sind. Ausgangspunkt der Untersuchung war die auch in anderen Gebieten übliche 3-Stufen-Trocknung. Diese beginnt mit dem Aufheizen des Trockengutes bei konstantem Wassergehalt, ein Bereich, der jedoch in vielen Fällen zu großen Schwierigkeiten führte.

Nach eingehenden Untersuchungen wurde dieses Prinzip verlassen und die Trockengeschwindigkeit langsam bei gleichzeitiger Aufheizung des Trockengutes derart gesteigert, daß mit der Aufheizung eine zunehmende »Trockengeschwindigkeit« zu verzeichnen war. Damit liegt eine neue Verfahrensweise für die Trocknung keramischer Güter vor, bei der die Änderung des Wassergehaltes im Trockengut entsprechend der konstanten Aufheizungsgeschwindigkeiten konstant gesteigert wird. Es konnte gezeigt werden, daß dadurch gegenüber dem alten Verfahren eine Trockenzeiteinsparung von etwa 50% zu erzielen ist.

Die max. zulässige »Trockengeschwindigkeit« $\dot{X}_{zul}$ eines Trockengutes als Funktion verschiedener Gutseigenschaften läßt sich nach folgender Formel ermitteln:

$$\dot{X}_{zul} = G \cdot \frac{\varkappa \cdot \varepsilon_{zul}}{d^2 \cdot \alpha_l}$$

Dabei kennzeichnen der Gestaltsfaktor G und die bezogene Dicke d die Geometrie des Formlings.

Die Feuchteleitzahl $\varkappa$, die elastische Dehnung ε_{zul} und α_l als die Steigung der Bigot-Kurve repräsentieren die Stoffgrößen des aufbereiteten keramischen Materials. Vor allem die Temperaturunabhängigkeit der Feuchteleitzahl wird dabei für eine beschleunigte Trocknung nutzbar gemacht.

Die zulässige Trockengeschwindigkeit läßt sich für einige Formate nunmehr als Funktion der Temperatur vorausberechnen. Die Beschleunigung selbst muß noch empirisch im Versuch ermittelt werden. Außerdem sind Ansatzpunkte für die Anwendung dieser neuen Verfahrensweise für Trockner gegeben, die zu einer Verbesserung des Wirkungsgrades führen und die mit relativ geringem Aufwand auch für bestehende Trockner genutzt werden können.

Darüber hinaus wurden auch einige Probleme untersucht, die mit der Übertragung der Ergebnisse auf industrielle Trockner verbunden sind, da mit dem hier beschriebenen Verfahren eine wesentliche Verbesserung der Rentabilität der Werke erreichbar ist, bei denen die Trockenanlage den Hauptengpaß der Produktion darstellt.

7. Literaturverzeichnis

[1] Pels Leusden, C. O., Die »optimale Brennkurve«, ihre labormäßige Ermittlung und ihre Bedeutung für die Auslegung von Öfen für den praktischen Ofenbetrieb. Berichte der DKG (1969), H. 10, S. 529–533.

[2] Salmang, H., Die physikalischen und chemischen Grundlagen der Keramik. Springer-Verlag, Berlin 1958.

[3] Kneule, F., Das Trocknen. Verlag H. R. Sauerländer & Co. Aarau und Frankfurt a. M. 1959.

[4] Lykow, A. W., Experimentelle und theoretische Grundlagen der Trocknung. VEB-Verlag Technik, Berlin 1955.

[5] Naumow, M. M., Methode zur Berechnung der Trocknungsdauer keramischer Erzeugnisse. Steklo i keramika, Moskau (1963), H. 5, S. 22–25.

[6] Falke, E., Beitrag zur Frage der Ziegeltrocknung. Die Ziegelindustrie (1956), H. 20, S. 757–764.

[7] Böswirth, L., Eine dimensionslose Kenngröße für die Wärmespannungen bei linearen Aufheiz- und Abkühlvorgängen. VDI-Zeitschrift (1962), Nr. 5, S. 203–207.

[8] Schlachter, H., Untersuchung über die Lufttrocknung fester Stoffe. Dissertation der TH München 1952, Fakultät Maschinenwesen.

[9] Pels Leusden, C. O., Die Bestimmung von Stoffkenngrößen zur Plastizität grobkeramischer Massen. Berichte der DKG (1962), H. 3, S. 181–187.

[10] Krischer, O., Die wissenschaftlichen Grundlagen der Trocknungstechnik. Springer-Verlag, Berlin 1963.

Anhang

a) Abbildungen

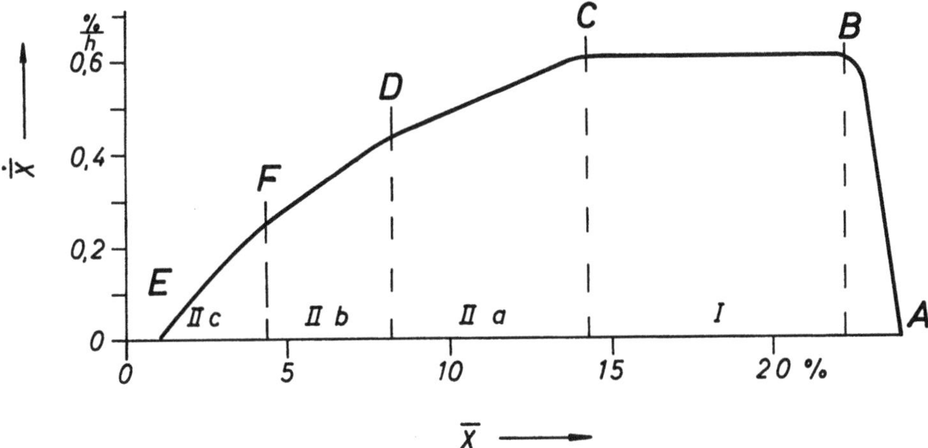

Abb. 1 Trockengeschwindigkeit g und mittlere zeitliche Wassergehaltsänderung $\dot{\bar{X}}$ als Funktion des mittleren Wassergehaltes $\bar{X}$

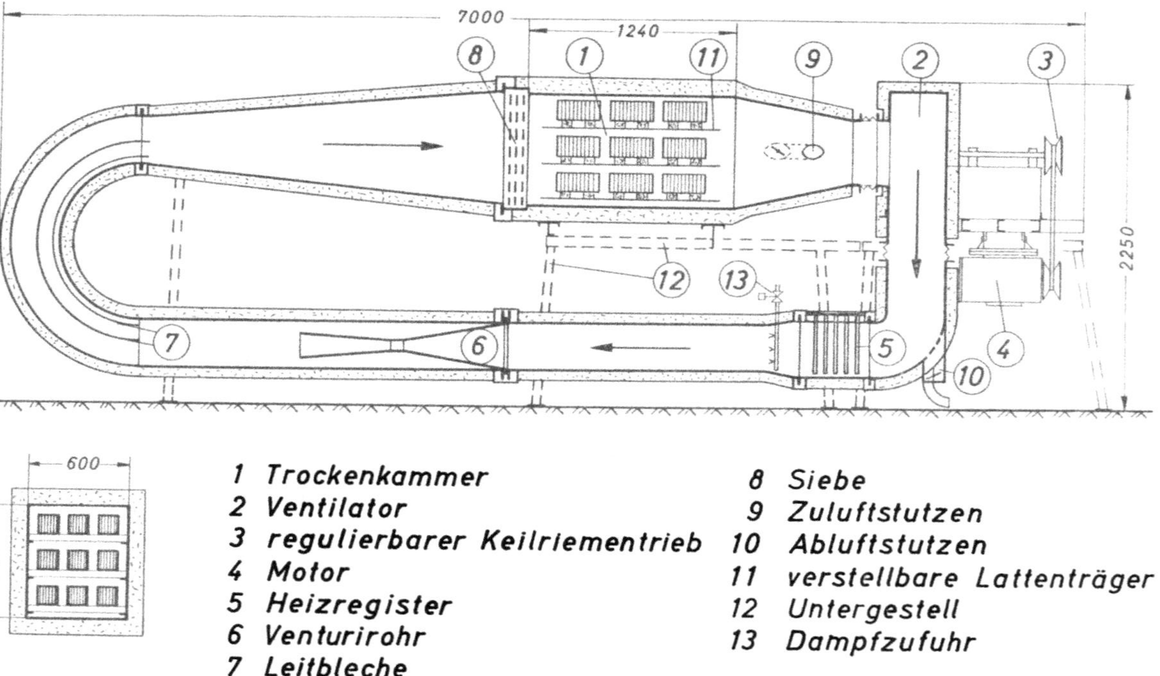

Abb. 2 Aufriß des Versuchstrockners im Institut für Ziegelforschung

Abb. 3 Gesamtansicht des Versuchstrockners mit Regelungs- und Registriereinrichtung

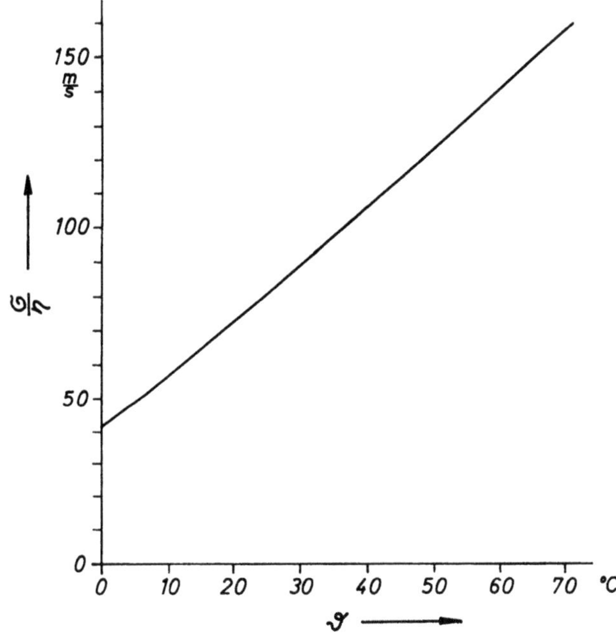

Abb. 4 Verhältnis von Oberflächenspannung σ und Zähigkeit η als Funktion der Temperatur ϑ

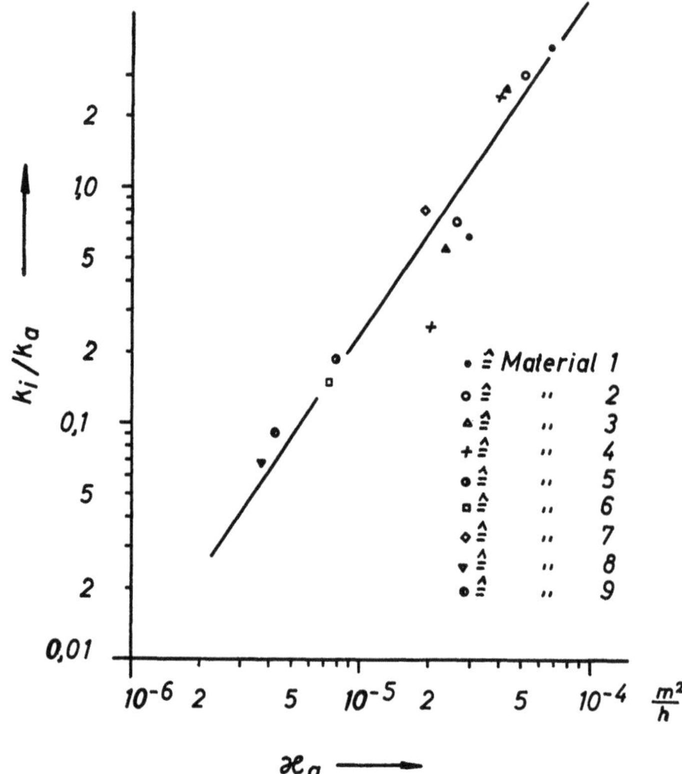

Abb. 5 Verhältnis der Parabelkonstanten k_i/k_a als Funktion der Feuchteleitfähigkeit $\varkappa_a$ nahe der Austrittsfläche, gemessen an zylindrischen Probekörpern

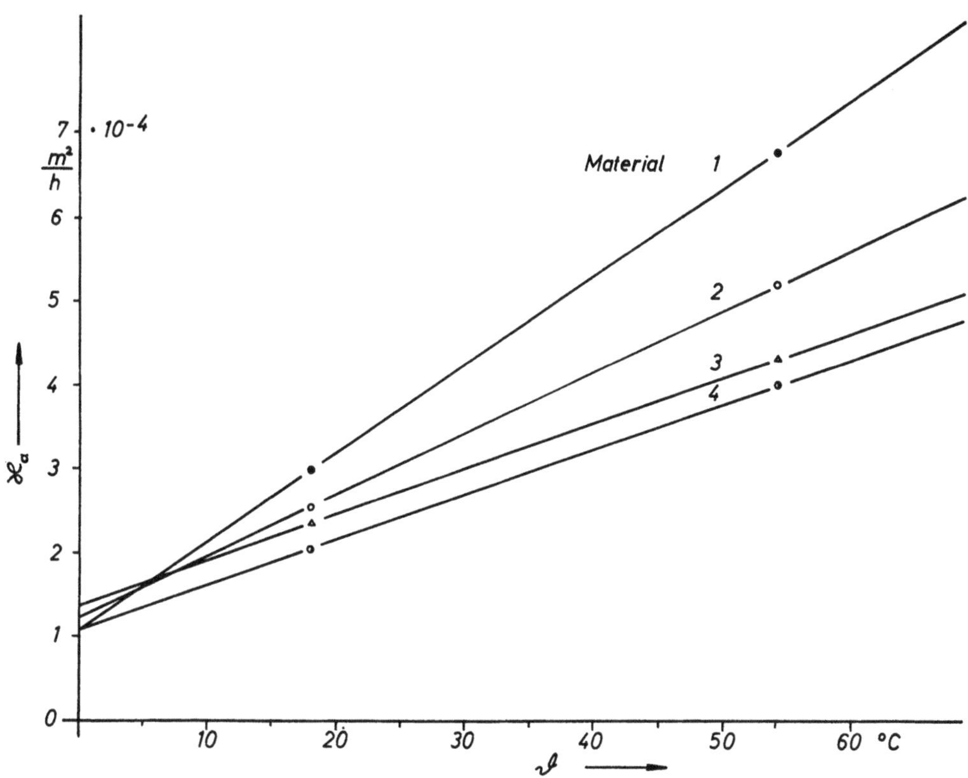

Abb. 6 Funktion der Feuchteleitfähigkeit $\varkappa_a$ nahe der Austrittsoberfläche als Funktion der Temperatur ϑ

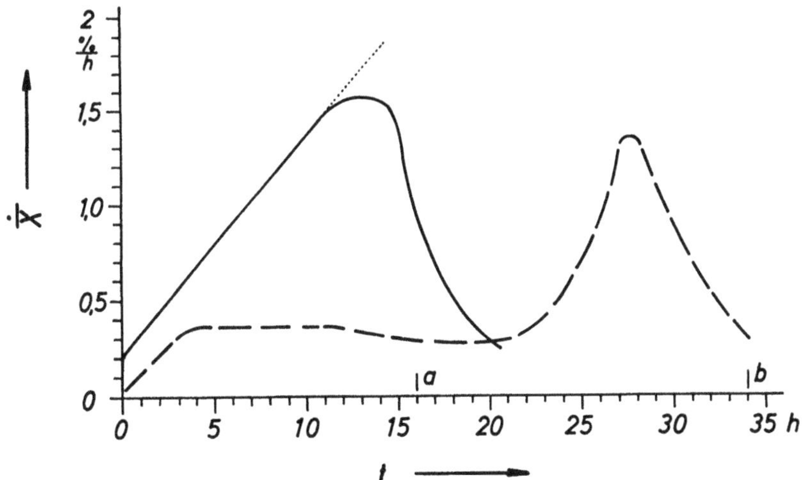

Abb. 7 Mittlere zeitliche Wassergehaltsänderung $\dot{X}$ als Funktion der Zeit t, aufgenommen mit dem Verfahren der 3-Stufen-Trocknung (gestrichelte Kurve) und dem Verfahren konstanter Beschleunigung der Wassergehaltsänderung (ausgezogene Kurve)

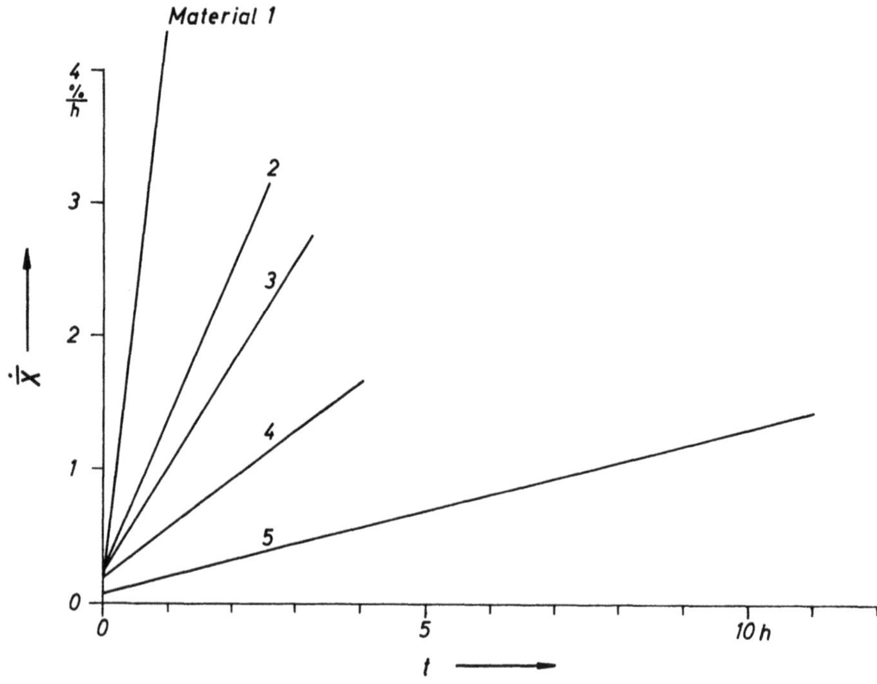

Abb. 8 Zulässige zeitliche Wassergehaltsänderung $\dot{X}$ als Funktion der Zeit t für verschiedene Materialien

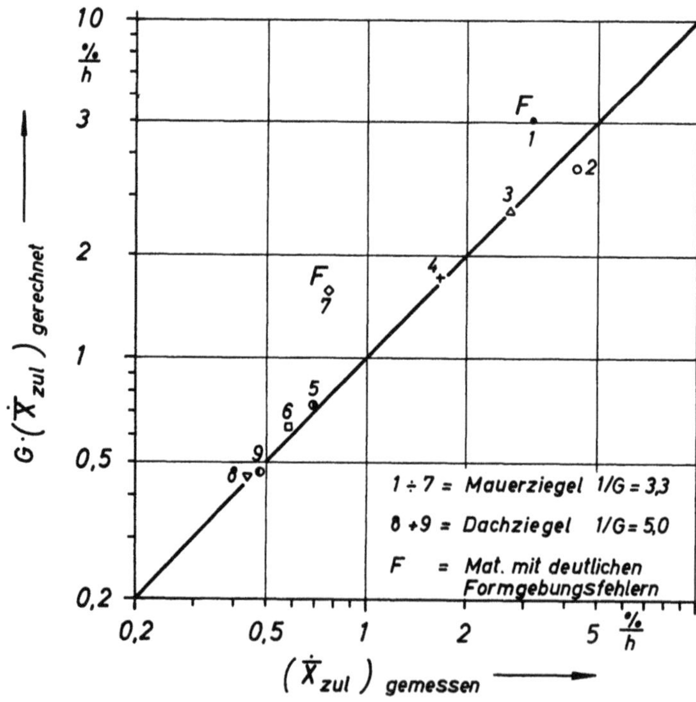

Abb. 9 Nach Gl. (10) errechnete zulässige zeitliche Wassergehaltsänderung $G \cdot (\dot{X}_{zul})_{gerechnet}$, aufgetragen über den zugehörigen experimentell ermittelten Werten $(\dot{X}_{zul})_{gemessen}$

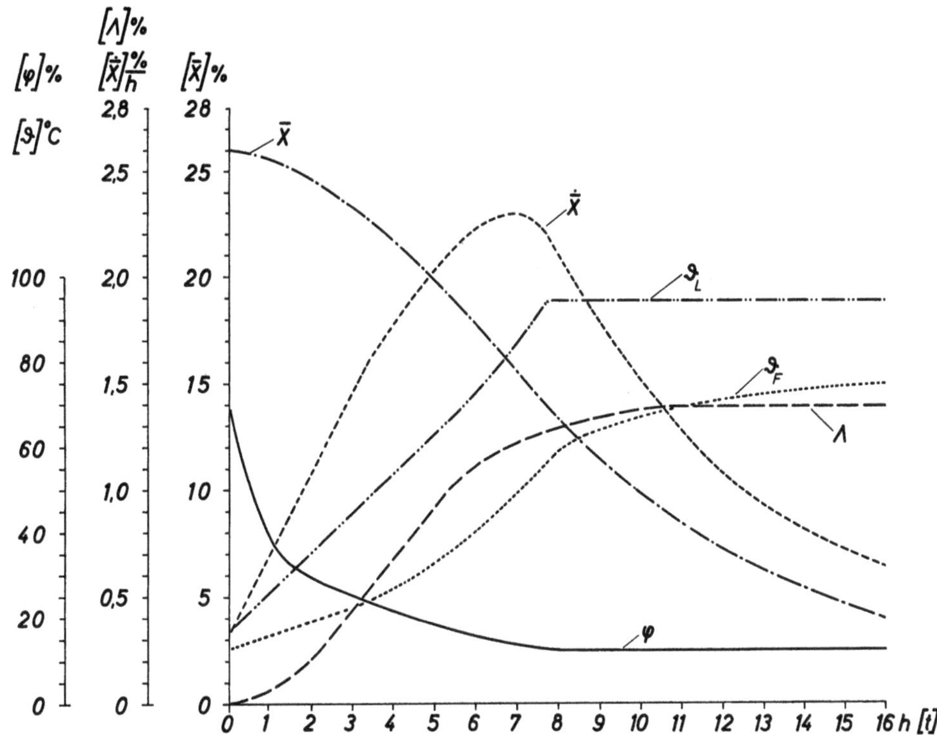

Abb. 10 Optimale Trockenkurve
Material 4

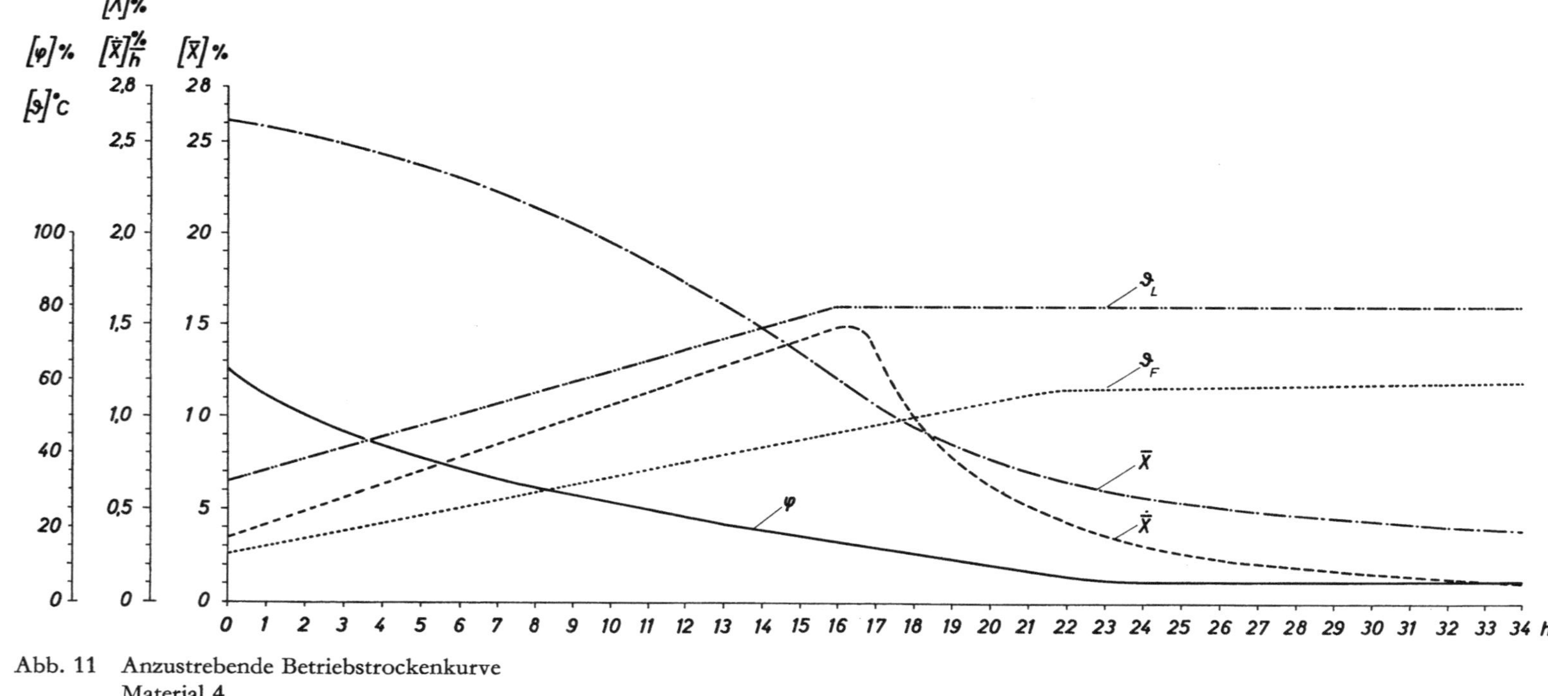

Abb. 11 Anzustrebende Betriebstrockenkurve
Material 4

b) Tabelle

Mat. Nr.	Ziegelart Format	Lochanteil	$\varkappa$	ε_{zul}	α_l	d	$\dot{X}_{(zul)ger.}$	$\dot{X}_{(zul)gem.}$	$1/G$	Bemerkung
	mm	%	$10^{-4}m^2/h$	%	1	$10^{-2}m$	%/h	%/h	1	
1	Vormauerziegel 240 · 115 · 52	16,4	7,0	1,8	0,83	0,96	16,66	3,14	5,3	deutliche Formgebungsfehler
2	Vormauerziegel 240 · 115 · 52	16,4	4,4	1,82	0,74	0,96	12,00	4,33	2,77	
3	Vormauerziegel 240 · 115 · 52	16,4	4,6	1,61	0,91	0,96	8,95	2,75	3,26	
4	Vormauerziegel 240 · 115 · 71	0	2,9	2,38	0,30	2,02	5,64	1,67	3,38	
5	Vormauerziegel 240 · 115 · 65	9,2	0,8	2,75	0,79	1,07	2,38	0,70	3,4	
6	Vormauerziegel 240 · 115 · 65	9,2	0,75	2,75	0,81	1,07	2,09	0,59	3,54	
7	Mauerziegel 265 · 125 · 75	19,6	1,94	2,75	1,03	1,01	5,09	0,77	6,61	deutliche Formgebungsfehler
8	Dachziegel 447 · 267 · 12	0	0,38	1,60	0,63	0,65	2,26	0,44	5,14	
9	Dachziegel 447 · 267 · 12	0	0,43	1,58	0,68	0,65	2,31	0,49	4,72	

Forschungsberichte des Landes Nordrhein-Westfalen

Herausgegeben im Auftrage des Ministerpräsidenten Heinz Kühn
von Staatssekretär Professor Dr. h. c. Dr. E. h. Leo Brandt

Sachgruppenverzeichnis

Acetylen · Schweißtechnik
Acetylene · Welding gracitice
Acétylène · Technique du soudage
Acetileno · Técnica de la soldadura
Ацетилен и техника сварки

Arbeitswissenschaft
Labor science
Science du travail
Trabajo científico
Вопросы трудового процесса

Bau · Steine · Erden
Constructure · Construction material · Soilresearch
Construction · Matériaux de construction · Recherche souterraine
La construcción · Materiales de construcción · Reconocimiento del suelo
Строительство и строительные материалы

Bergbau
Mining
Exploitation des mines
Minería
Горное дело

Biologie
Biology
Biologie
Biologia
Биология

Chemie
Chemistry
Chimie
Quimica
Химия

Druck · Farbe · Papier · Photographie
Printing · Color · Paper · Photography
Imprimerie · Couleur · Papier · Photographie
Artes gráficas · Color · Papel · Fotografía
Типография · Краски · Бумага · Фотография

Eisenverarbeitende Industrie
Metal working industry
Industrie du fer
Industria del hierro
Металлообработывающая промышленность

Elektrotechnik · Optik
Electrotechnology · Optics
Electrotechnique · Optique
Electrotécnica · Optica
Электротехника и оптика

Energiewirtschaft
Power economy
Energie
Energía
Энергетическое хозяйство

Fahrzeugbau · Gasmotoren
Vehicle construction · Engines
Construction de véhicules · Moteurs
Construcción de vehículos · Motores
Производство транспортных средств

Fertigung
Fabrication
Fabrication
Fabricación
Производство

Funktechnik · Astronomie
Radio engineering · Astronomy
Radiotechnique · Astronomie
Radiotécnica · Astronomía
Радиотехника и астрономия

GPSR Compliance
The European Union's (EU) General Product Safety Regulation (GPSR) is a set of rules that requires consumer products to be safe and our obligations to ensure this.

If you have any concerns about our products, you can contact us on

ProductSafety@springernature.com

In case Publisher is established outside the EU, the EU authorized representative is:

Springer Nature Customer Service Center GmbH
Europaplatz 3
69115 Heidelberg, Germany

www.ingramcontent.com/pod-product-compliance
Ingram Content Group UK Ltd.
Pitfield, Milton Keynes, MK11 3LW, UK
UKHW061700190726
13853UKWH00008B/2328

* 9 7 8 3 6 6 3 0 6 4 3 3 6 *